AF314266

GUIDE

THÉORIQUE ET PRATIQUE

DE L'AGRICULTEUR

DANS

L'EMPLOI DU PLATRE

POUR

L'AMENDEMENT DES TERRES,

PAR

G. Higonnet,

Architecte, directeur des travaux d'exploitation des carrières à plâtre de
Centre et de l'Amérique, situées dans la banlieue de Paris.

(L'industrie n'est que la science appliquée.)

PARIS,

IMPRIMERIE ADMINISTRATIVE DE PAUL DUPONT,
Rue de Grenelle-Saint-Honoré, 55.

1845.

GUIDE

THÉORIQUE ET PRATIQUE DE L'AGRICULTEUR

DANS

L'EMPLOI DU PLATRE

POUR

L'AMENDEMENT DES TERRES.

GUIDE

THÉORIQUE ET PRATIQUE

DE L'AGRICULTEUR

DANS

L'EMPLOI DU PLATRE

POUR

L'AMENDEMENT DES TERRES,

PAR

G. Higonnet,

Architecte directeur des travaux d'exploitation des carrières à plâtre de
Centre et de l'Amérique, situées dans la banlieue de Paris

(L'industrie n'est que la science appliquée.)

PARIS,

IMPRIMERIE ADMINISTRATIVE DE PAUL DUPONT
Rue de Grenelle-Saint-Honoré, 55.

—

1845.

AVANT-PROPOS.

Depuis quinze ans je m'occupe de la fabrication du plâtre, soit en exploitant, soit en dirigeant les exploitations des principaux établissements situés dans la banlieue de Paris.

Animé du désir d'introduire dans cette branche de commerce toutes les améliorations qu'elle réclamait, mon premier soin fut de rechercher dans le passé les tentatives qui avaient pu être faites dans ce but.

Parmi les ouvrages que je consultai, se trouvait celui publié à Toulouse en 1837, par *M. Dralet*, qui a traité spécialement de la pierre à plâtre sous le double rapport de son emploi dans la construction et dans l'amendement des terres.

Quoique mes travaux eussent pour objet principal la fabrication du plâtre pour les constructions, je ne pouvais méconnaître et négliger son utilité pour l'agriculture.

Je cherchai donc à compléter mon instruction sur les conditions qu'exigeait la fabrication du plâtre destiné à ce second emploi, et je crois devoir rappeler ici les idées que j'ai formulées, en 1839, dans un rapport fait par moi à une assemblée générale d'actionnaires de la Société plâtrière de Paris.

« Il y a plus de cinquante ans qu'il a été constaté
« par des faits authentiques, en Angleterre, en
« Allemagne, en Suisse, en Amérique, qu'un peu
« de poussière de gypse répandu sur un terrain
« suffisait pour doubler les productions de di-
« verses plantes, dont la récolte est l'âme d'une
« bonne agriculture.

« Ce ne fut que vers le commencement de ce
« siècle qu'on fit le premier essai de ce genre
« d'engrais, dans le midi de la France. Mais, en
« dépit des efforts tentés par les savants et par le
« Conseil royal d'agriculture, l'exemple donné
« par l'étranger a été suivi faiblement, timide-
« ment, par nos cultivateurs.

« En effet, la totalité de la consommation du
« plâtre pour Londres et les environs est, par
« an, de 30 à 35 mille tonneaux, sur quoi l'agri-
« culture en prend pour son compte de 18 à
« 22 mille ; fait d'autant plus frappant, qu'on
« vend, à Londres, 80 fr. la même quantité que
« nous pouvons donner, nous, pour 8 fr. 75 c.

« En France, au contraire, d'après des calculs
« approximatifs, l'agriculture ne figure pas pour
« plus d'un quart dans la consommation générale
« du plâtre.

« Pour expliquer cet état d'infériorité dans le-
« quel est resté notre pays, on pourrait dire que
« la divergence des opinions des savants sur quel-
« ques principes fondamentaux a pu jeter de l'in-
« décision dans beaucoup d'esprits ; que les dé-
« monstrations concluantes n'ont pas été suffisam-
« ment connues ; peut-être aussi que la routine a
« résisté à l'autorité de l'expérience.

« Quoi qu'il en soit, le moment est venu de triom-
« pher de tous les obstacles qui retardent la pro-
« pagation d'un mode de culture si favorable à
« l'accroissement de notre richesse territoriale.
« Le plus sûr moyen c'est d'en faire parvenir la
« connaissance jusqu'au dernier hameau.

« A mesure que notre industrie prend de l'ac-
« croissement, son intérêt lui commande d'ouvrir
« de nouveaux débouchés à ses produits, et pour
« cela il faut que la masse des agriculteurs soit
« convaincue de l'utilité de cet engrais ; il faut
« encore que le bon marché provoque les labou-
« reurs et les arrache à des habitudes routinières ;
« il faut enfin que le progrès de la production
« amène partout le progrès de la consommation. »

L'établissement des chemins de fer a été comme
la réalisation de ce dernier vœu, et aussitôt que
j'ai été en mesure d'en faire profiter l'exploitation

dont la direction m'est confiée, j'ai soumis à l'administration du chemin de fer de Paris à Orléans les projets que je mûrissais depuis long-temps.

Ces projets furent accueillis, parce que les directeurs du chemin de fer virent d'un coup d'œil les avantages qu'ils devaient procurer aux départements riverains (1).

Cependant, j'avais présentes à la mémoire les réflexions suivantes, qui se trouvent dans le traité de M. Dralet, que j'ai cité plus haut :

« On a fait pour diverses branches des connais-
« sances humaines des ouvrages élémentaires, au
« moyen desquels les premières notions de ces
« sciences sont en quelque sorte popularisées. Il
« n'en est pas de même de l'agriculture : les
« doctrines relatives à cette mère nourricière du
« genre humain sont éparses dans une infinité
« d'ouvrages volumineux qui ne se trouvent que
« dans les bibliothèques des personnes favorisées
« de la fortune; on chercherait en vain un ouvrage

---

(1) Déjà, grâce à la sollicitude des directeurs du chemin de fer d'Orléans, qui ne se préoccupent pas exclusivement de l'exploitation matérielle de leur entreprise, les cultivateurs, à dix et douze lieues de distance des stations établies sur la ligne de son parcours, commencent à recueillir les avantages de cet établissement.

Avant peu la masse aura la preuve que si dix individus ont perdu à l'installation de cette voie de communication, mille y auront gagné.

En effet, des dépôts de plâtre ont été établis sur divers points, et les prix ont éprouvé une baisse de 25 jusqu'à 50 p. 0/0.

« qui fût à l'usage des simples cultivateurs ; je
« veux parler des hommes estimables qui labou-
« rent, fument, sèment et récoltent. »

Alors j'ai recherché si depuis 1837, époque à
laquelle M. Dralet écrivait ces réflexions, la lacune
dont il se plaignait avait été remplie : je n'ai pas
été plus heureux que lui.

Je n'ai certes pas la prétention d'accomplir cette
tâche difficile, mais du moins, en ce qui concerne
la partie relative à l'emploi du plâtre en agriculture, je crois faire une chose utile que de présenter, dans un tableau méthodique et concis, l'analyse
des théories et des expériences qui m'ont paru les
plus rationnelles parmi celles que contiennent les
ouvrages publiés jusqu'à ce jour.

C'est aux hommes de science, auxquels est
dévolue la noble mission d'étudier et de propager
les découvertes profitables, à donner l'impulsion
en dissipant les erreurs ou les préjugés qui en-
travent leur développement.

En attendant, je m'estimerai heureux si le
faible contingent que j'apporte dans une étude à
laquelle je provoque les savants, contribuait à vulgariser une chose que j'estime être excellente ; car
je suis impatient de voir mon pays mettre à profit
pour lui-même un minéral précieux dont la nature
l'a si libéralement doté, et que les étrangers viennent lui demander chaque jour à grands frais pour
augmenter leur richesse territoriale.

HISTORIQUE DE LA DÉCOUVERTE

DES

PROPRIÉTÉS FERTILISANTES DU PLATRE,

ET DE L'INTRODUCTION

DE CET ENGRAIS DANS LA CULTURE DES TERRES.

Les anciens possédaient, et nous ont transmis, la connaissance des procédés au moyen desquels on convertit, par la cuisson, le gypse en plâtre, pour être employé à la bâtisse (1); mais l'emploi du plâtre dans l'amendement des terres est une découverte des temps modernes.

En 1720, Margraff, chimiste anglais, démontra théoriquement l'action du plâtre sur la végétation des plantes.

Quarante-cinq ans après, Mayer de Coupterzel recevait, pour un Mémoire sur le même sujet, le prix que la Société de Londres avait proposé à celui qui découvrirait un nouvel engrais.

---

(1) En minéralogie, on appelle gypse la pierre à laquelle le commerce donne le nom de plâtre, après qu'elle a été préparée pour servir aux constructions ou à l'agriculture.

Deux autres chimistes anglais, Smith et Arthus Young, ne tardèrent pas à faire et à publier des expériences sur cette importante découverte.

L'impulsion fut donnée à tous les savants. Déjà on avait reconnu en Italie que l'étonnante fécondité des terres qui avoisinent les volcans était l'effet du sulfate de chaux qu'ils vomissent. Le célèbre Inghenous recommandait aux cultivateurs d'arroser les terrains où abonde le calcaire, avec l'acide sulfurique. Or, le plâtre n'est autre chose que la combinaison de ces deux éléments.

En peu de temps, la Suisse, l'Angleterre, l'Allemagne et l'Amérique, cette dernière sur l'initiative de Franklin, firent un usage constant du plâtre comme engrais.

La France, la plus favorisée de toutes, à cet égard, entra la dernière dans ce mouvement. Comme elle a fourni l'occasion de le remarquer souvent, il semblerait que son ambition satisfaite de tenir parmi les nations civilisées le sceptre des hautes régions du monde intellectuel et moral, se montre insouciante de tout ce qui se rapporte à ses intérêts matériels.

Un rapport de MM. Chaptal et Guyton de Morvaux, sur un Mémoire de M. Dergère de Mondement, couronné par la Société d'encouragement et par la Société d'agriculture de la Seine, appela enfin l'attention des agronomes sur les merveilleux effets du plâtre, que le lauréat avait employé comme engrais pendant quinze ans.

Ce fut Lyon qui donna le premier exemple, et, en

peu d'années, les départements du Rhône, de l'Isère
et de la Drôme lui dûrent les superbes prairies artificielles, devenues la base de la prospérité de leur
agriculture. De proche en proche, l'impulsion donnée
par le Midi gagna les prairies artificielles de la Normandie; mais le Nord et le centre de la France y
restèrent comme étrangers.

Enfin, de 1816 à 1818, M. le docteur Soquet, unis-
sant à la science du chimiste celle du naturaliste et
de l'agronome, fit, aux environs de Lyon, des expériences qui vinrent éclairer du plus grand jour les
principales questions de théorie et de pratique qui se
rattachent à l'emploi du plâtre.

En 1821, le conseil royal d'agriculture, convaincu
des grands avantages qui résulteraient, pour la prospérité territoriale de la France, d'un usage plus général du plâtre et d'une connaissance plus approfondie
de sa manière d'agir, engagea le ministre du commerce et de l'agriculture à proposer à ses correspondants une série de questions propres à remplir
ces deux importants objets.

Les résultats de cette enquête furent résumés dans
un rapport fait au conseil royal d'agriculture, le 20
avril 1822, par M. Bosc, l'un de ses membres les plus
distingués.

Les réponses faites par les correspondants présentent un ensemble de faits et d'expériences dignes d'intérêt.

Enfin, en 1837, M. Dralet, savant agronome du
Midi, publia un traité spécial sur la pierre à plâtre,

considérée dans le double emploi auquel elle est affectée.

L'auteur passe en revue et discute avec un rare esprit d'analyse les théories, les systèmes et les principes des écrivains qui l'ont précédé; il donne une attention particulière au rapport sur l'enquête de 1821; s'appuyant sur des expériences comparatives faites avec grand soin et poursuivies pendant plusieurs années sur ses propriétés, il en déduit des règles et des préceptes dont il paraît difficile de contester la solidité.

Le Mémoire du docteur Soquet, le rapport de M. Bosc et le traité de M. Dralet étant, parmi tous ceux publiés sur le sujet qui m'occupe, les plus riches en théories et en pratique, je les citerai dans l'examen des diverses questions qui feront le sujet des chapitres suivants.

Lorsque l'on considère qu'il a fallu un siècle pour qu'une découverte faite par la science fût mise en pratique, et qu'après cinquante ans d'expérience elle ne s'est que faiblement propagée, on comprendra qu'il faut que chacun s'efforce d'élargir le cercle dans lequel doivent être appréciées les expériences déjà faites; ne négliger aucun moyen de les vulgariser en les faisant arriver à la connaissance du plus petit cultivateur. Quant à ce qui me touche personnellement, je pense qu'on doit se féliciter d'exercer une industrie qui permet de concilier les intérêts privés avec l'intérêt public.

CHAPITRE Ier.

PRINCIPES CONSTITUANTS DU PLATRE.

Le plâtre généralement en usage, soit pour les constructions, soit pour l'agriculture, est celui qui se trouve dans les pays à couches.

Il n'y a que cinq grands dépôts de ce plâtre en Europe; celui des environs de Paris, d'Aix, de Toulon, de Burgos et d'Oxford.

Les agriculteurs n'ont aucun moyen de recourir à des analyses chimiques pour apprécier la qualité du plâtre qu'ils veulent employer. Il est préférable de leur indiquer quels sont les gisements sur lesquels on a fourni des documents assez positifs pour établir entre eux des points de comparaison.

M. Darcet a mêlé divers plâtres cuits, achetés dans le commerce et provenant des carrières situées sur la rive droite de la Seine, dans la banlieue de Paris: L'analyse qu'il a faite de ce mélange a donné :

(1) Sulfate de chaux.........	78	5
(2) Carbonate de chaux.	15	7
Eau de cristallisation........	5	8
	100	

---

(1) Combinaison de l'acide sulfurique avec la chaux.
(2) Combinaison de l'acide carbonique avec la chaux.

M. Magnes-Lahens, pharmacien de Toulouse, a analysé le meilleur plâtre dont on fait usage dans le Midi, et il a obtenu le produit suivant :

Sulfate de chaux............... 75
Eau de cristallisation........... 23
Parties terreuses et ferrugineuses. 2
                                   ———
                                   100

Le plâtre de Paris est donc le mieux constitué, puisqu'il contient dans une meilleure proportion les deux éléments qui agissent avec le plus de puissance sur la végétation. Aussi sur cinquante-sept départements cités dans le rapport de M. Bosc, dix-neuf, dont plusieurs sont à une grande distance de la capitale, ne font usage que du plâtre de Paris.

Chaque année, la Suisse et l'Allemagne importent une grande quantité de ce plâtre ; les Anglais en chargent leurs vaisseaux sur lest, aux ports de Rouen et du Havre, et les Américains n'ont pas cessé d'être nos tributaires à cet égard, quoique, à une époque peu reculée, ils aient découvert quelques carrières à plâtre dans leurs montagnes.

M. Dralet, qui de tous est entré le plus avant dans la pratique de la fabrication et de l'emploi du plâtre, a signalé les innombrables fraudes qui se commettent à l'égard de celui destiné à l'agriculture, et ce sujet est tellement important pour les cultivateurs que je crois indispensable d'y consacrer un chapitre spécial.

CHAPITRE II.

CAUSE DE L'ACTION DU PLÂTRE SUR LA VÉGÉTATION.

Cette question en renferme deux : l'une, quelle est la nature des substances qui composent le plâtre? l'autre, de quelle manière ces substances pénètrent les plantes pour y développer une plus grande puissance de végétation?

Sur la première question, les savants étaient depuis longtemps d'accord, puisqu'il n'avait fallu pour la résoudre que recourir à des analyses chimiques.

La seconde devait être un sujet de controverse et enfanter des théories et des systèmes opposés, car cette question touchant aux fonctions physiologiques des organes des plantes, dont la nature semble, dans plusieurs circonstances, s'être réservé le secret, les savants se trouvaient là sur le terrain des conjectures.

Voilà pourquoi MM. de Barbançois, Pictet, de Saussure, Chancey, Berard et Yvart, dont les systèmes se recommandent par le nom de leurs auteurs, se trouvaient en opposition avec d'autres savants non moins recommandables, tels que MM. de Candolle, de Lasteyrie, Thaer et Rougier de la Bergerie.

Après de nouvelles expériences faites avec une

scrupuleuse et intelligente exactitude, M. le docteur Soquet se rallia aux doctrines des derniers.

Tel était encore l'état des choses, lorsqu'en 1821 le conseil royal d'agriculture proposa cette question à ses correspondants.

M. Dralet, venu le dernier, et appuyé aussi sur des expériences comparatives et multipliées, et de l'opinion imposante D'inghenous et de Smith, a jeté sur cette question délicate de nouvelles lumières.

Aujourd'hui, il y a un principe normal acquis en théorie et en pratique, c'est que la cause de l'action du plâtre sur la végétation est due à la combinaison de l'acide sulfurique et du calcaire qui le constituent.

Maintenant, que la pénétration de ces deux substances dans les plantes s'opère dans le saupoudrage du sol, des racines ou des feuilles, c'est une question qui n'a plus d'importance pour les cultivateurs. On cite des exemples qui prouvent que le saupoudrage du sol et des racines a produit de bons effets dans les deux cas, mais ces effets sont inférieurs à ceux obtenus par le saupoudrage des feuilles dans l'amendement des prairies artificielles ; et puisque ce dernier mode est adopté par l'universalité des agriculteurs, il n'y a aucun motif de le changer.

Toutefois, comme dans son rapport au conseil royal d'agriculture, M. Bosc, en faisant l'analyse des travaux de M. le docteur Soquet, a déclaré qu'ils *méritaient l'attention des amis de la science* ; que son nom marche escorté de celui de quatre autres savants du premier ordre ; qu'il a établi son système sur des expériences et des études poursuivies pendant quatre ans avec autant de soin que de persévérance ; et qu'enfin ce système est admis par la masse des correspondants du conseil royal d'agriculture, parmi lesquels on compte un grand nombre d'agronomes qui, dans leur pratique, s'éclairent des connaissances que fournit la théorie, je crois devoir extraire du Mémoire de M. le docteur Soquet ce qu'il renferme de plus substantiel.

Théorie de M. Soquet.

La lumière était considérée jusqu'ici comme l'unique agent chimique capable de produire la désoxygénation des sucs des plantes, ou, pour mieux dire, de provoquer l'exhalation de leur oxygène surabondant, en déterminant par là même une plus grande absorption d'acide carbonique.

Mais les sulfures alcalins, terreux et métalliques sont employés tous les jours comme moyens désoxygénants très-actifs et très-puissants.

C'est donc en secondant puissamment, en suppléant même en partie le pouvoir désoxygénant de la lumière sur le parenchyme (1) vert des feuilles des plantes herbacées, que le plâtre calciné, employé comme engrais, devient si avantageux pour fertiliser les prairies artificielles.

____

(1) Tissu tendre et spongieux des racines et des feuilles.

Plus un gypse contiendra de sulfate de chaux, et plus ce dernier sera convenablement calciné en contact immédiat avec le charbon, plus il favorisera l'expiration de l'oxygène dans les plantes, plus il secondera l'absorption, dans les mêmes plantes, de l'acide carbonique tiré de l'atmosphère.

Or, des expériences décisives ont démontré que l'acide carbonique fourni successivement en dose convenable, toujours sous l'influence de la lumière solaire, à une certaine classe de plantes herbacées, suffirait seul au plein et entier développement de ces plantes, sans qu'elles eussent besoin de tirer aucun aliment, l'eau exceptée, du sol sur lequel elles étaient implantées.

Expériences de M. Soquet.

Au printemps de 1816, il fit diviser par des planches, en carrés égaux, deux bandes de terrain séparées par un étroit sentier, et fit mettre une série de numéros aux compartiments de chacune de ces bandes.

Là, et pendant trois années consécutives, il varia les systèmes de plâtrage, employant séparément, mais concurremment, les plâtres de diverses qualités, cru et cuit; essayant d'un sulfure composé de deux tiers de craie et d'un tiers de fleur de soufre; plâtrant le sol en isolant les feuilles, saupoudrant les feuilles et les racines séparément; opérant à des températures, à des époques de saison, à des degrés de végétation différentes ; calculant la quantité et le poids de chaque produit. Et de l'accord des principes de sa théorie avec les résultats obtenus par ses expériences, M. Soquet a déduit des préceptes qui sont encore la règle de la plupart des agronomes, et qui se trouveront successivement reproduits dans les chapitres suivants.

Puisque l'acide sulfurique et le calcaire sont les seules substances qui, dans le plâtre, activent et développent la fécondation, c'est un avertissement que la science fournit aux agriculteurs.

Ils ne doivent plus admettre ces distinctions qu'on établit sous les noms de plâtre de construction et de plâtre d'engrais. L'agriculture, plus que la construction, exige non-seulement le plâtre tel que la nature l'a créé, mais encore celui où elle a jeté avec le plus d'abondance, le sulfate de chaux. Les deux analyses de M. D'Arcet et de M. Magnes-Lahens, citées au chapitre Ier ci-dessus, leur montrent les sources où ce plâtre se trouve, et ils doivent le demander directement aux établissements qui sont depuis longtemps en réputation de livrer au commerce leurs produits dans toute leur intégrité. C'est ainsi qu'ils cesseront d'être dupes de ces marchands fraudeurs qui leur livrent une denrée où tout abonde, excepté ce qui en fait seul la valeur et l'utilité.

CHAPITRE III.

QUELLES SONT LES TERRES SUSCEPTIBLES D'ÊTRE FÉCONDÉES PAR LE PLATRE?

Le plus grand nombre des correspondants du conseil royal d'agriculture ont émis l'opinion que les terres fertiles, sèches et légères sont celles sur lesquelles l'action du plâtre est le plus marquée.

M. Grisony, du Gers, répond que l'effet du plâtre sur des terres de nature différente a été à peu près le même ; les siennes sont argilo-calcaires, argilo-siliceuses (1), calcaires, même crayeuses, plus ou moins fertiles.

M. Coste Frégeorgue, de l'Hérault, répond que le plâtre agit sur toutes les terres, mais moins sur les terres argileuses, surtout quand elles sont humides.

M. de Guercheville, de Loir-et-Cher, affirme que le plâtre produit les effets les plus étonnants sur les terres sèches et arides.

M. Thomassin, curé d'Achain (Meurthe), dit que le plâtre profite aux terres légères, sableuses, argileuses, sèches, humides, enfin à toutes.

---

(1) Terres formées de glaise (argile) et de cailloux (silex).

M. Masclet, correspondant du conseil, en Angleterre, lui fait connaître que l'emploi du plâtre aux Etats-Unis a fixé la population en conservant la fertilité aux *terres usées*.

On devait s'attendre à cette divergence d'opinions en pareille matière. En effet, il est sensible que les effets du plâtre, sur les terres, doivent être en raison de leur nature, qui est très-variée, de leurs qualités accessoires, de la présence ou de l'absence de l'humus dans leur sein, de leur exposition. Il faut aussi tenir compte de la qualité et de la quantité du plâtre qu'on y emploie. Mais, malgré cette divergence apparente, on ne peut s'empêcher de reconnaître que le plâtre est profitable à toutes les terres, ainsi que l'a démontré rigoureusement M. Dralet, dont je vais citer textuellement les observations.

« M. Bérard, du Mans, a obtenu de très-belles récoltes au moyen d'un mélange de soufre en nature avec des cendres ; et M. Limousin Lamothe a eu le même succès en suivant les conseils d'Ingenhous, qui recommandait aux cultivateurs d'arroser les terrains où abonde le calcaire, avec l'acide sulfurique.

« Puisque le calcaire employé isolément est propre à féconder les terrains argileux, et que l'acide sulfurique produit le même effet sur les terres calcaires, on doit en conclure que la combinaison de ces deux substances, c'est-à-dire le plâtre, doit avoir la propriété d'améliorer toute sorte de terre végétale, puisqu'il n'en est aucune qui ne se compose, au moins en partie, d'argile ou de calcaire.

« Reconnaissons donc avec Smith, qui le premier a fait et publié des expériences sur le plâtre, que l'emploi de ce minéral ne peut être que très-avantageux sur toute espèce de terrain.

« Si le plâtrage produit peu d'effets sur les terres gypseuses, c'est que déjà la nature en a fait les frais.

« Quant aux terrains marécageux, ce n'est point leur nature qui se refuse à l'action du plâtre, c'est la surabondance de l'eau qui paralyse cette action, de la même manière que cette surabondance le rend inerte et l'empêche de prendre corps, lorsqu'on le gâche pour l'employer dans les bâtiments. Nul doute qu'en desséchant ces terrains marécageux, ils ne devinssent susceptibles de recevoir les bons effets du plâtre.

« Enfin, si le plâtre n'exerce que peu d'action sur les fonds riches, profonds et d'excellente qualité, c'est que ces terrains, doués du plus haut degré de fécondité, ne peuvent guère être améliorés par aucune sorte d'engrais. »

CHAPITRE IV.

DES PRAIRIES ARTIFICIELLES.

§ 1er. — Du plâtrage et de ses effets.

Les économistes français, qui étudient la cause et la source de la richesse de leur pays, ont admis comme un axiome que les progrès de l'agriculture en France datent de l'époque où l'on commença à y cultiver les prairies artificielles ; et lorsque, d'autre part, il est également reconnu que les produits de celles-ci s'accroissent d'une manière étonnante par l'effet du plâtrage, on ne conçoit pas comment il se fait que, dans quelques départements, la culture des prairies artificielles ne soit pas en usage, et que, dans d'autres où elle se pratique, on néglige l'emploi du plâtre.

L'analyse des réponses des correspondants du conseil royal d'agriculture offrira ce double contraste. Il est vrai que ce tableau statistique porte la date de 1822 ; mais M. Dralet, qui écrivait en 1837, n'y remarquait pas une grande amélioration.

M. Descombes des Morelles, de l'Allier, a reconnu que l'effet du plâtre augmente beaucoup les récoltes, lorsqu'il est mêlé avec des engrais animaux et végétaux.

M. Farnaud, des Hautes-Alpes, a observé que les fleurs des sainfoins plâtrés secrétent plus de miel, et de meilleur miel que celui qui ne l'est pas ; aussi, depuis qu'il plâtre, ses ruches ont-elles généralement mieux prospéré, ce qui est de quelque importance dans le pays qu'il habite.

Cet effet devait être produit, remarque M. Bosc, puisque ce sainfoin développe plus de fleurs et des fleurs plus grandes.

M. d'Ounous, de l'Ariége, dit que le plâtre est en grande faveur dans tout le département et dans une partie des départements voisins. Le plâtre convient aux prairies artificielles en terrain léger, comme en terrain argileux, pourvu qu'il soit sec. Le produit des prairies artificielles plâtrées est du *double* de celui des prairies non plâtrées.

M. le baron de Magneville, du Calvados, rapporte que l'emploi du plâtre date de vingt ans dans son département, et qu'il est général. Il vient de Paris par la Seine et par la mer, et s'emploie dans la proportion de huit cents kilogrammes par hectare. Ses effets sont tels sur les prairies artificielles, qu'il a été appelé l'*engrais du miracle* par les cultivateurs.

M. Girod de Chantrans, du Doubs, connaît des cultivateurs devenus riches par le seul emploi du plâtre dans les prairies artificielles.

M. le comte de La Pasture, de l'Eure, dit que toutes les prairies artificielles, n'importe la nature du sol, éprouvent l'influence puissante du plâtre, peut-être un peu plus la luzerne ; on a même prétendu qu'elle avait quintuplé la récolte.

Soixante-huit hectolitres de cendre et quinze hectolitres de plâtre furent répandus sur un hectare de prairie. La récolte qui, l'année précédente, n'avait été que de 987 bottes fut celle-ci de 1,750. Le trèfle blanc et le trèfle rouge de cette prairie avaient acquis un accroissement prodigieux.

M. Brulaire, du Finistère, a obtenu quatre abondantes coupes de luzerne et trois de trèfle, par l'effet du plâtrage.

M. de Colomé, du Gers, se plaint que, malgré son exemple et l'abondance du plâtre dans son arrondissement, tous les cultivateurs n'en font pas encore usage. Par son moyen, il a constamment doublé ses récoltes de fourrages artificiels.

L'effet du plâtre accélère la maturité des céréales, et assure la fécondité des arbres fruitiers plantés dans les prairies artificielles.

Son effet dure quatre ans sur les prairies naturelles, en diminuant chaque année.

M. Grizony, du même département, dit que le plâtre donne une telle vigueur à la luzerne, au sainfoin, au trèfle, que les plantes parasites qui croissent avec ces fourrages sont bientôt étouffées. On peut bonifier avec une dépense de 4 francs en plâtre, plus qu'avec une dépense de 60 francs en fumier

M. Brune, du Jura, vante les effets miraculeux du plâtre sur les terres sèches, légères ou fortes. M. Bosc, visitant les cultures de ce correspondant, et le louant de la perfection due aux bons exemples qu'il avait donnés, fut apostrophé par un cultivateur, qui attribuait à M. Brune le vil prix auquel le blé et les fourrages étaient tombés.

M. de Belzevrie, de la Loire, a reconnu, par son expérience, que le plâtrage des prairies artificielles, *lorsque le plâtre est bon*, et qu'elles ont été hersées à la fin de l'hiver, triple le produit des récoltes.

M. Dergeres, de la Marne, a, le premier de son arrondissement, introduit dans sa culture le plâtrage des prairies artificielles, et par cela seul il a considérablement accru ses revenus.

M. Millon, de l'Oise, emploie le plâtre de Paris avec le plus grand succès *sur toutes les prairies*, et particulièrement sur les prairies artificielles.

M. Levasseur, autre correspondant du même département, donne une réponse identique avec la précédente.

M. de Neirac, de l'Aveyron, cite le fait suivant : Un de ses voisins, M. de Saint-Maurice, ne récoltait que vingt-trois quintaux sur une pièce de luzerne, quoiqu'elle ne fût qu'à sa troisième année, et que les circonstances atmosphériques lui eussent été favorables cette même année. Cette luzerne, plâtrée avec 9 francs de dépense, produisit la quatrième année cent cinquante quintaux de fourrage.

M. Deslandes, de la Sarthe, cite le fait suivant : Un malentendu fit répandre à son semeur trois fois plus de plâtre qu'il n'en fallait sur une portion de trèfle ; ce plâtre se durcit par l'effet d'un brouillard, et le trèfle fut jugé perdu ; mais, au contraire, il devint plus beau qu'aucun autre.

M. Hennin de Longuetoise, de Seine-et-Oise, fait usage du plâtre de Paris sur les prairies artificielles dont il double les produits.

M. le comte Louis de Villeneuve, du Tarn, a introduit l'usage de cultiver le trèfle et de le plâtrer, il a y plus de vingt ans, et aujourd'hui cet usage est presque général, quoique l'éloignement des carrières le rende fort coûteux.

M. Decroutelle, de la Seine-Inférieure, dit que les herbages plâtrés nourrissent, dans les enclos, un tiers plus de bestiaux : aussi tous platrent-ils.

M. le comte Raoul de Germiny, du même département, affirme qu'un terrain, amélioré par des fumiers, donne de meilleures récoltes plâtrées qu'un terrain pauvre et usé.

M. le marquis de Guercheville, de Loir-et-Cher, est persuadé que le plâtre a d'autant plus d'action que les terres sont meilleures et ont été plus fortement fumées.

Le plâtre agit merveilleusement sur les prairies artificielles et augmente leurs produits dans l'ordre suivant : du quart pour le trèfle du Roussillon, du tiers pour la luzerne, d'une moitié pour le sainfoin, du double pour le trèfle.

M. Chastenet, de la Vienne, annonce qu'on retire de grands avantages du plâtre sur les prairies naturelles et artificielles, malgré son haut prix. Il a surtout amélioré les terres sèches et usées, dont les récoltes ont été triplées par son moyen.

M. Esmangard de Bournonville, des Vosges, a, le

premier, introduit l'usage du plâtre sur les prairies artificielles, et en a obtenu des avantages très-considérables.

Pour compléter cette statisque de l'emploi du plâtre dans les prairies artificielles, il me reste à faire l'énumération des départements qui n'ont pas imité les exemples si encourageants que je viens de citer.

M. Joumeau, de la Charente-Inférieure, n'a jamais vu employer le plâtre dans son département, où il ne se trouve pas de carrière de cette pierre.

M. Lebastard de Kerguifinet mande que le plâtre n'est pas connu dans l'arrondissement de Quimper, et qu'on ne pourrait s'en fournir qu'à grands frais, en le faisant venir de Paris par la Loire et par mer.

MM. de Tregomain et de Guimberteau mandent que quelques essais ont prouvé l'utilité du plâtre employé en poudre dans les prairies artificielles, mais que sa cherté n'a pas permis d'en faire un usage étendu.

M. Deschartres, d'Indre-et-Loire, répond dans les mêmes termes.

M. Basquiat-Magriet, des Landes, dit que, quoiqu'il existe deux carrières de plâtre dans l'arrondissement de Saint-Sever, il est de si mauvaise nature qu'il n'est pas possible d'en faire usage avec quelque profit sur les prairies artificielles.

M. Barbut, de la Lozère, ne connaît pas de carrières de plâtre dans ce département, et celui qu'on tire des départements voisins, et encore en très-petite quantité, est d'un prix si élevé qu'il n'est pas possible de l'appliquer à l'agriculture.

M. de Bailly, de la Mayenne, fournit le même renseignement.

M. Major, de la Meuse, est souvent forcé d'en interrompre l'usage, par la difficulté de s'en procurer de bon et à cause de son haut prix.

M. Leroux du Chatelet, du Pas-de-Calais, n'emploie pas de plâtre dans ses cultures, quoiqu'il en connaisse tous les avantages, par l'éloignement où il se trouve de Paris, le lieu le plus près de lui où il en connaisse des carrières.

M. de Lamothe, des Basses-Pyrénées, apprend que, quoiqu'il y ait trois carrières de plâtre dans ses environs, on ne l'y emploie pas dans l'agriculture ; cependant il en a fait plusieurs fois usage sur les luzernes, cuit et pulvérisé, et toujours il lui a procuré de meilleures récoltes.

Enfin, M. Lacroix, des Pyrénées-Orientales, annonce que le plâtre est si cher dans son département, qu'on n'en fait pas usage en agriculture, mais que cependant il va faire des expériences sur ses propriétés.

M. Bugeaud, aujourd'hui maréchal de France, annonce que l'usage du plâtre est à peine connu dans le département de la Haute-Vienne, et ne pourra y devenir étendu, à raison de son haut prix.

Il est à regretter que M. Bugeaud n'ait pas pris dans son département la même initiative que M. Brune dans le Jura ; avec l'activité qui le caractérise il aurait eu le même succès.

Si cet état de choses n'a pas changé depuis 1822, voilà douze départements qui restent complétement étrangers aux avantages que procure l'emploi du plâtre dans les prairies artificielles, sans compter ceux, en beaucoup plus grand nombre, où son emploi est peu étendu, et tous les départements du Nord qui sont privés de ce bienfait, à cause de leur éloignement.

Toutefois, comment concevoir que l'éloignement des carrières et le haut prix du plâtre soient un obstacle sérieux, lorsque les Suisses, les Allemands, les Anglais et jusqu'aux Américains viennent s'en approvisionner en France?

Mais, sans chercher des points de comparaison hors de notre pays, la Normandie est au moins aussi distante de Paris que la plupart des provinces qui trouvent dans cette distance un obstacle à plâtrer leurs prairies.

Cependant l'usage du plâtre est général dans cette province, et elle l'emploie largement, puisque nous avons vu M. le baron de Magneville, du Calvados, déclarer qu'il en répandait huit cents kilogrammes par hectare.

Aussi, peu de provinces ont atteint et aucune n'a dépassé en richesse les produits de ses prairies artificielles.

Au reste, M. Dralet, qu'il faut toujours citer en fait d'études et de calculs sur l'emploi du plâtre en agriculture, a ruiné de fond en comble l'objection tirée de la cherté du plâtre comme obstacle à son emploi.

Que l'on ne croie pas, dit-il, que, pour employer le plâtre avec de grands bénéfices, il faille être à proximité des plâtrières et des cours d'eau navigables; fussent-elles à une extrémité de la France, on pourrait encore en transporter le plâtre à une extrémité opposée, et gagner beaucoup à l'employer comme engrais.

Il suppose que, dans le département de la Haute-Garonne, on fût obligé de faire venir le plâtre fabriqué dans les carrières de Paris, et qui coûte, rendu à Toulouse, 3 fr. 50 c. les 50 kilogrammes ; admettant jusqu'à cinq quintaux par arpent de luzerne, ce qui fait une dépense de 17 fr. 50 c., qui, divisée en deux années pendant lesquelles dure cet engrais, se réduit à 8 fr. 75 c. pour chaque année ;

Un arpent de luzerne plâtrée produisant communément, comme il l'a démontré, au moins trois coupes pesant ensemble 70 quintaux de fourrage, donne, au prix de 2 fr. le quintal, une somme de. 140 fr. » c.

A déduire la dépense du plâtre..... 8 75

Reste..... 131 25

Or, un arpent du même fourrage non plâtré ne donnant que 35 quintaux de la valeur de........................... 70 »

Le bénéfice est de............... 61 fr. 25 c. c'est-à-dire de sept capitaux pour un (1).

---

(1) Deux arpents de Toulouse équivalant à un hectare, il

MM. Farnaud, Brune, Dergeres, qui les premiers introduisirent l'usage du plâtre dans les départements des Hautes-Alpes, du Jura et de la Marne, ont vu leur initiative couronnée, avec le temps, d'un plein succès. Que des agronomes, animés du même zèle, les imitent dans les départements arriérés, ils auront sur leurs devanciers un double avantage pour triompher de l'ignorance et de la routine : l'autorité des exemples et des calculs qui viennent d'être présentés avec précision, et le concours puissant des chemins de fer !

§ II. — Est-il indifférent d'employer le plâtre cru ou le plâtre cuit ?

Tous les correspondants du conseil, à l'exception de deux ou trois, reconnaissent, d'après les expériences comparatives qu'ils ont faites avec le plus grand soin, que le plâtre cuit a une action plus immédiate et plus énergique sur la végétation.

Pour échapper au mélange frauduleux des marchands de plâtre cuit, un petit nombre d'agriculteurs achètent la pierre à plâtre, et, pour éviter la dépense de la cuisson, l'écrasent par des procédés qui ne peuvent jamais lui donner le degré de pulvérisation nécessaire.

Les analyses chimiques de M. Soquet, les expé-

---

n'y a qu'à doubler tous les chiffres du calcul ci-dessus pour l'appliquer à un hectare.

riences comparatives qu'il a faites sur ses prairies, les principes de la physiologie végétale qu'il a invoqués, l'ont conduit à donner comme maximes les deux affirmations suivantes :

« 1° Tout plâtre qui n'a été que desséché sans être passé, au moins en grande partie, à l'état de sulfure par la calcination (cuisson), est nul dans ses effets comme plâtre pour engrais. »

« 2° Plus un gypse contiendra de sulfate calcaire, plus ce dernier sera convenablement calciné en contact immédiat avec le charbon, plus sa pulvérisation sera complète, meilleure en sera la qualité comme plâtre pour amendement. »

M. Dralet n'a pas d'autres principes, et comme il a fait une étude particulière de la fabrication du plâtre, il insiste sur la nécessité de donner aux fours destinés à la cuisson du plâtre une disposition qui procure à toutes les pierres à plâtre qui s'y trouvent renfermées une calcination complète et uniforme (1).

---

(1) J'avais compris depuis longtemps combien la disposition du four était essentielle dans la cuisson du plâtre. Voici ce que je disais en 1859, dans le rapport que j'ai déjà cité :

« Après des essais nombreux, je parvins à faire construire « des fours d'une forme nouvelle, et dont je crus devoir m'as- « surer les avantages en prenant un brevet d'invention. Par « la disposition de ces fours, l'activité du foyer pénètre avec « la même intensité dans toutes les parties ; la cuisson est « égale pour toutes les pierres ; on fait ainsi disparaître ces « poussières, ces débris, ces mixtures de toute sorte qui altè- « rent la qualité du plâtre cuit. Ensuite, en appliquant la va- « peur à des moulins destinés à battre et à broyer la pierre « cuite, on a un mécanisme simple, prompt, qui fait mieux et « plus vite. »

§ III. — Préjudices causés à l'agriculture par la distinction qu'on fait, dans le commerce, du plâtre de construction et du plâtre dit d'*emploi*, pour amendement des terres.

Puisque la science exige que le plâtre destiné à l'amendement des terres contienne, au plus haut degré possible, le sulfate de chaux, qu'elle a démontré constituer exclusivement le principe fécondant, c'est un service à rendre aux cultivateurs que de leur faire connaître la composition de la marchandise qu'on leur vend communément sous le nom de *plâtres à engrais*.

En Normandie, aux environs de Rouen, on introduit dans le plâtre d'engrais de la poussière de craie.

A Orléans, on y mêle des débris de pierres pulvérisées et du sable de la Loire.

A Etampes, on fait usage du plâtre d'Antony, qui est mélangé de marne.

A Blois, la fraude va jusqu'à y introduire des poussières provenant des routes macadamisées.

M. Dralet dit que le plâtre d'engrais qu'on vend à la plupart des agriculteurs, dans le Midi, est le plus communément un composé de cendres du four à plâtre, de pierres à plâtre imparfaites que l'on a eu soin de séparer de celles qui sont destinées à être converties en plâtre à bâtir.

Il ajoute qu'on y emploie aussi les criblures produites par le tamisage, les pierres connues sous le nom de chapons, celles qui n'ont pas reçu le degré de cuisson convenable, et jusqu'à de la terre ordinaire et des cendres lessivées.

On voit donc que les plâtres falsifiés ainsi dans les diverses contrées contiennent bien peu de sulfate de chaux, qui est la seule substance propre à la fécondation.

Il ne faut donc pas s'étonner des faibles résultats que les cultivateurs en obtiennent, ou des énormes quantités qu'ils sont obligés d'en employer pour augmenter leurs produits.

Le plâtre que les carrières du Centre, de l'Amérique et de la butte Chaumont expédient par le chemin de fer, soit pour la construction, soit pour l'agriculture, est le même ; il est tel que la nature l'a formé ; sa cuisson s'est opérée dans des fours parfaitement disposés, et avec la perfection qu'une longue pratique procure dans les grands établissements ; enfin, sa pulvérisation est produite par des moulins broyeurs mis en mouvement par la vapeur. Car, ainsi que le recommande M. Dralet, il faut pour l'agriculture un plâtre purgé de toute espèce de mélange autre que le sulfate et le carbonate de chaux ; que les pierres soient également calcinées et pulvérisées fin.

Mais il y a une garantie de plus, contre la fraude, dans les plâtres provenant de ces trois carrières, c'est qu'elles ont plus d'avantage à le livrer pur que falsifié. En effet, un litre de plâtre bien cuit et bien pulvérisé ne pèse guère que un kilogramme. L'introduction de quel que ce fût de ces corps étrangers qu'on vient d'énumérer augmenterait le prix de transport, et par conséquent le prix de revient sur le lieu de la destination.

La proportion dans laquelle les divers départements emploient le plâtre pour engrais varie dans de telles limites, qu'il serait même impossible d'indiquer une moyenne à prendre sur une base aussi vague.

D'ailleurs, à l'exception de ceux qui font usage du plâtre de Paris ou du Midi, la majeure partie des autres correspondants n'indiquent pas les carrières où ils s'approvisionnent. La plupart même de ceux qui font usage du plâtre du Midi, achètent ce plâtre dit d'*engrais*, dont on vient de signaler la mauvaise qualité.

Cependant on ne saurait déterminer la quantité convenable à employer pour un hectare qu'après s'être assuré de la qualité de la matière à employer.

La question de la quantité est tellement subordonnée ici à la question de la qualité, qu'il y a des localités où l'on est obligé d'employer vingt quintaux métriques sans obtenir de meilleurs résultats que ceux obtenus dans d'autres avec quatre quintaux, pour une même contenance de culture.

Toutefois, il reste quelques moyens d'appréciation qui ont assez de précision pour résoudre cette question d'une manière satisfaisante. M. d'Ounous, de l'Ariége, qui emploie le plâtre de montagnes, d'une excellente qualité, en répand cinq à six hectolitres ou sept quintaux métriques par hectare.

M. Deslandes, de la Sarthe, qui fait usage du plâtre depuis longtemps, en répand six cents kilogrammes par hectare.

M. le baron de la Rochette, de Seine-et-Marne, en répand de six cents à deux mille kilogrammes par hectare.

M. le comte Louis de Villeneuve, du Tarn, en répand de douze à quinze quintaux par hectare.

M. Dergère de Mondement, de la Marne, auteur d'un Mémoire couronné en 1817, emploie neuf quintaux métriques par hectare.

La Normandie fait, depuis quarante ans, usage du plâtre de Paris, qui lui arrive pur de tout mélange ; ses correspondants vantent les effets qu'ils en ont obtenus, et s'accordent à dire qu'ils en répandent huit cents kilogrammes par hectare.

M. Dralet a fait une expérience spéciale pour déterminer rigoureusement cette proportion, et d'où il tire la formule suivante :

« Pour doubler la récolte d'une prairie artificielle,
« il faut employer par arpent (56 ares 90 centiares),
« une quantité de plâtre cuit et pulvérisé, qui con-
« tienne trois quintaux et demi (175 kilog.) de sul-
« fate de chaux, *distraction faite de toute autre sub-
« stance.*

« D'après la formule ci-dessus, le plâtre à bâtir
« que l'on vend à Paris, renfermant 78, 5 pour cent
« de sulfate de chaux, doit être employé à raison de

« quatre quintaux un tiers par arpent, huit quintaux
« métriques deux tiers par hectare. »

M. le marquis de Barbançois, d'Indre-et-Loire,
le répand à raison de huit quintaux métriques par
hectare.

Il est maintenant facile, sur des données aussi po-
sitives, d'établir une moyenne approximative. Elle
se renferme dans la limite de huit neuf à quintaux
métriques, ou de huit à neuf hectolitres par hectare.

Que les départements qui n'ont pas obtenu tous les
avantages qu'ils s'étaient promis de l'emploi du plâtre fassent des essais avec un plâtre constitué comme
l'exige M. Dralet, et dans la proportion qui vient
d'être indiquée en moyenne, et il est impossible
qu'ils ne parviennent pas à doubler le produit de
leurs récoltes de fourrages.

§ V. — Quelle est l'époque et par quel temps il convient de plâtrer les
prairies artificielles?

Sauf quelques différences de peu d'importance,
tous les correspondants sont d'accord pour saupou-
drer les feuilles des plantes fourrageuses des prairies
artificielles dans la période comprise du 1er mars au
1er mai.

M. de Neyrac avertit que lorsqu'on plâtre trop tôt,
les trèfles et les luzernes sont plus facilement et plus
gravement frappés de la gelée. Il plâtre aussi les secondes coupes, et cet usage est à peu près général en
Bourgogne.

M. Girard de Villemaison, dit que l'essentiel est que les feuilles soient assez humectées, pour que le plâtre puisse s'y attacher.

M. Belzevric le répand au moment où les plantes fourrageuses entrent en végétation : alors il agit sur plusieurs coupes, par suite de l'effet des pluies qui l'appliquent sur le collet des racines.

Il a reconnu que le plâtre répare le désastre des gelées.

M. Levasseur pense que l'époque la plus favorable est lorsque les plantes ont acquis un certain développement, savoir : en avril pour les luzernes et les sainfoins, et en mai, pour les trèfles et les minettes.

M. Lebel indique la mi-avril comme la plus convenable de le répandre, à la rosée du soir ou du matin, et par un temps calme.

Dans la Brie, on opère d'une manière qui peut offrir un exemple profitable.

Lorsque, dans cette contrée, on veut former une luzerne, on sème habituellement la graine de luzerne au mois d'avril ; en même temps on répand cinq quintaux ou cinq hectolitres de plâtre. L'année suivante, au mois de mars ou d'avril, on répand encore sur cette luzerne la même quantité de plâtre.

Le plâtre attirant et entretenant l'humidité, a pour effet, dans la première opération, de faire lever la luzerne, ce qu'on n'obtiendrait pas si la sécheresse survenait, et qu'on n'eût pas plâtré ; et la seconde opération donne aux feuilles un plus grand développement.

Ce système concilie les opinions des agronomes, dont les uns pensent que l'action du plâtre s'exerce sur les feuilles, et les autres, sur les racines.

M. Soquet vient donner à cette pratique la sanction des principes de sa théorie et de ses expériences.

« Il faut, dit-il, plâtrer par un temps disposé à l'humidité, très-légèrement venteux, et à l'époque où les plantes offrent le plus de surface pour recevoir la poussière désoxygénante, et où les organes expiratoires de l'oxygène et ceux inspiratoires de l'acide carbonique sont plus souples, plus vigoureux, plus multipliés et plus longtemps exposés à l'action solaire vivifiante. L'humidité le rend plus adhérent au feuillage ; un petit vent léger disperse et répartit sur tous les étages des feuilles la poussière du plâtre. L'époque la plus avantageuse est celle où tous les rangs des feuilles de chaque tige sont encore parfaitement souples et verts, où leur surface présente de nombreuses duplicatures qui retiennent mieux la poussière du plâtre, tout en multipliant les surfaces, dont le duvet favorise encore l'adhérence des molécules gypseuses les plus fines, en les appliquant directement sur les organes ou points respiratoires. »

M. Dralet recommande de ne point opérer le plâtrage sur une prairie naissante, parce que cet engrais prématuré donnerait aux jeunes plantes une exubérance de végétation qui les énerverait. Ce n'est qu'un an après l'ensemencement que l'on doit faire le premier plâtrage.

Un grand nombre de correspondants, d'accord en cela avec MM. Soquet et Dralet, sont convaincus que le plâtrage active d'autant plus la végétation que le sol est plus fumé, et qu'il rétablit la végétation des trèfles et des luzernes qui ont été endommagés par la gelée.

M. Dralet est le seul qui se soit occupé sérieusement de la question de savoir après quel intervalle de temps une prairie de luzerne, après avoir été défrichée, peut être renouvelée avec succès, et d'après les expériences auxquelles il s'est livré pendant plusieurs années, il établit comme règle qu'une prairie de luzerne défrichée ne peut être renouvelée qu'après avoir été livrée à d'autres cultures pendant autant d'années qu'il s'en est écoulé entre sa naissance et son défrichement.

Le sainfoin, qui ne vit que trois ou quatre ans, peut revenir sur le même terrain beaucoup plus tôt que la luzerne.

Quant au trèfle, qui est une plante bis-annuelle, les bons cultivateurs observent de ne le renouveler que cinq ans après qu'il a été défriché.

Enfin, le farouch (1), qui est une plante annuelle, peut reparaître sur la même terre après deux ans.

---

(1) Trèfle incarnat du Roussillon.

CHAPITRE V.

LE FOURRAGE PLATRÉ EST-IL NUISIBLE A LA SANTÉ DES BESTIAUX?

Les correspondants ont été unanimes pour répondre négativement au conseil royal d'agriculture sur la question de savoir si le fourrage plâtré était nuisible à la santé des bestiaux.

M. Farnaud, des Basses-Alpes, s'étonne qu'on puisse croire que des atomes de poussière répandus au printemps, lavés par les pluies, soufflés par les vents, restent sur les feuilles jusqu'à la récolte, ou ne tombent pas dans les opérations qui l'accompagnent. Comment croire surtout que les secondes coupes, que les coupes des années suivantes en soient encore imprégnées?

M. le baron de Magneville, du Calvados, dit que ces fourrages, étant plus vigoureux, et par conséquent plus aqueux que les autres, se dessèchent plus difficilement et moisissent plus souvent lorsqu'on néglige leur fenaison; ce qui occasionne, non la pousse, mais la toux aux animaux.

M. Deschartres, d'Indre-et-Loire, déclare qu'il ne s'est jamais aperçu que le trèfle plâtré fît même tousser ses chevaux, et cependant il le leur donne souvent vert ou peu de temps après le plâtrage.

MM. Fuziers, frères, de l'Isère, affirment que les trèfles plâtrés n'ont jamais donné la pousse à leurs chevaux, quoiqu'ils en soient nourris toute l'année, parce qu'ils apportent beaucoup de soin à leur dessication.

M. Trochu, du Morbihan, nourrit presque toute l'année douze chevaux avec du trèfle et de la luzerne plâtrés, soit verts, soit secs, sans en éprouver d'inconvénients. Mais il a remarqué que, lorsqu'on donnait aux chevaux ces fourrages moisis, surtout verts, ils toussaient aussitôt. Cet effet eût été produit par tout autre fourrage moisi, quoique non plâtré.

M. le comte Raoul de Germiny, de la Seine-Inférieure, dit que les tiges et les feuilles de fourrage plâtré étant plus fortes et plus aqueuses que celles du fourrage non plâtré, demandent plus de précautions et de temps pour être convenablement desséchées ; c'est à l'oubli de ces précautions qu'on doit ces fourrages poudreux qu'on dit donner la pousse aux chevaux, et non au plâtre, qui ne se trouve plus sur les plantes au moment de leur coupe.

M. Decroutelle, du même département, dit que la qualité des fourrages plâtrés est absolument la même que celle des fourrages non plâtrés, et si les premiers ont paru nuire aux chevaux, c'est qu'ils n'avaient pas été bien desséchés.

CHAPITRE VI.

LA PROPRIÉTÉ FÉCONDANTE DU PLÂTRE SE BORNE-T-ELLE AUX PRAIRIES ARTIFICIELLES?

D'après la nature fécondante que l'analyse chimique a découverte dans les deux substances qui constituent essentiellement le plâtre, on devait présumer qu'à quelques exceptions près, toutes les plantes devaient être susceptibles de profiter de cette action fertilisante.

Des expériences ont été faites dans ce but, et elles ont démontré qu'à des degrés différents de sympathie, de saupoudrage et de mode de culture, le plâtre produisait de très-bons effets sur la généralité des plantes herbacées, des graminées et d'un grand nombre d'arbres fruitiers.

§ 1er. — Plantes sur lesquelles le plâtre exerce l'action la plus puissante.

Un grand nombre de correspondants ont signalé les effets prodigieux qu'une petite quantité de poussière de plâtre produit sur les vesces, gesses, fèves de marais, lentilles, pois gris, raves, laitues, haricots, maïs, etc. M. Farnaud, des Basses-Alpes, donne comme maxime que l'action du plâtre est proportionnée à l'abondance et à la largeur des feuilles.

Ce sont ces effets si surprenants sur certaines familles de plantes qui ont mérité au plâtre le nom d'*Engrais du Miracle* que lui donnent les Suisses.
Ce sont :

1° Les légumineuses (1) ;
2° Les crucifères (2) ;
3° Les rosacées (3).

Ces familles étant celles qui éprouvent le plus de sympathie pour le plâtre, M. Dralet soupçonna qu'elles devaient présenter des caractères botaniques communs aux unes et aux autres. En effet, ayant consulté la méthode naturelle de Jussieu, il reconnut que ces trois familles appartenaient à la division des *dicotylédones* (4).

§ II. — Prairies naturelles.

Le plus grand nombre de correspondants ne reconnaissent l'action du plâtre sur les prairies naturelles qu'autant qu'elles contiennent du trèfle, des vesces et autres plantes analogues.

---

(1) La famille des *légumineuses* comprend principalement le trèfle, la luzerne, le sainfoin, le farouch ou trèfle incarnat du Roussillon, puis la vesce, la gesse, le pois, la fève, le haricot, l'acacia, le genêt, etc.

(2) Familles de plantes dont les fleurs ont leurs pétales disposés en forme de croix, comme la roquette, la moutarde, la rave, le raifort, le navet, le choux, le cresson, le thlaspi, etc.

(3) Famille de plantes dont les corolles se composent de pétales disposés comme ceux de la rose, telles que la vigne, le fraisier le pommier, le poirier, la ronce, etc.

(4) Ordre de plantes dont les semences ont deux lobes ou divisions, et dont les corolles ont plusieurs pièces ou pétales.

L'opinion des six correspondants ci-après démontre que l'action du plâtre sur les prairies naturelles ne saurait être contestée.

M. d'Ounous, Ariége, qui demeure aux environs de Pamiers, affirme que le plâtre produit de bons effets sur les prairies naturelles qu'on ne peut arroser : article, dit-il, très-important dans son canton.

M. de Brebisson, du Calvados, pays où la culture des prairies naturelles et artificielles est si bien entendue, dit que, dans les prairies naturelles en terrain sec, le plâtre augmente généralement les récoltes d'un tiers pendant les deux premières années.

M. Girod de Chantrans, du Doubs, dit que le plâtre, employé cuit sur un pré naturel sec, a doublé le produit de la première année.

M. Brune, du Jura, dit que lorsque les prairies naturelles sont sèches et qu'on augmente la dose du plâtre, elles doublent de produit la première année.

M. Germain, de la Meurthe, emploie depuis longtemps, ainsi que tous ses voisins, le plâtre sur les prairies naturelles.

M. Carbonnet, de Reims, a augmenté la paille et le grain d'un froment, et le produit en foin d'un pré sur lequel il en avait été répandu.

M. Febvre, de Saône-et-Loire, dit que les prairies naturelles humides, mais dont l'eau surabondante a été écoulée, sont celles sur lesquelles le plâtre a produit les meilleurs effets, en provoquant la pousse des trèfles et autres bonnes plantes qui étouffent la mousse. Son effet dure trois ans sur de telles prairies et augmente d'un quart au moins leur produit en pâturage. Il emploie cinq quintaux métriques par hectare; si la mousse domine il faut doubler la quantité.

M. Dralet fit établir un pré sur un terrain sec, sablonneux, posant sur le tuf, exposé au nord; il y sema de la graine de foin, *fenasse*, sur laquelle il répandit de la graine de trèfle blanc, à raison de deux kilogrammes, et de la graine de trèfle jaune à raison de six kilogrammes par arpent. Un voyage imprévu l'empêcha de plâtrer une partie de ce pré. A son retour, la première herbe étant recueillie, il établit sur le regain trois divisions, contenant chacune 172 mètres carrés. Il saupoudra le n° 1 avec 12 kilogrammes de plâtre à bâtir; le n° 2 avec pareille quantité de gypse non falsifié, ce qui fait à raison de 9 quintaux par arpent, et il ne plâtra pas le n° 3.

Le n° 1 produisit un regain de......... 60 kil.
Celui du n° 2 ne pesa que.............. 48 »
Et celui du n° 3...................... 11 »

Le plâtre à bâtir a donc plus que quintuplé la récolte du regain, et plusieurs mauvaises plantes, telles que la sauge des prés, qui, avant l'emploi du plâtre, abondaient dans ce n° 1, ont entièrement disparu.

§ III. — Les céréales.

Dix-sept correspondants du comité ont déclaré que l'action du plâtre était sans effet sur les céréales; mais ils reconnaissent que les céréales semées sur un défrichis de prairies artificielles donnent toujours de meilleures récoltes que celles semées dans un autre endroit.

M. le lieutenant général Allix, qui a longtemps étudié et pratiqué cette matière, et qui a publié des mémoires estimés des agronomes, s'exprime ainsi :

« On ne croit pas le plâtre susceptible d'action di-
« recte sur les céréales ; mais il a sur elles une ac-
« tion indirecte très-productive, en ce que les ter-
« rains qui ont été cultivés en prairies artificielles,
« en reçoivent un amendement tel qu'ils peuvent en-
« suite recevoir pendant plusieurs années des cé-
« réales sans le secours de nouveaux amendements.
« Ces terrains rapportent de 12 à 15 pour 1 de se-
« mence en céréales. J'ai moi-même récolté pendant
« plusieurs années, et sans fumer, jusqu'à 18 pour 1
« après un défrichis de luzerne. »

M. le marquis de Barbançois attribue le peu d'action du plâtre sur les céréales à la disposition droite et au peu de largeur de leurs feuilles ; circonstances qui s'opposent à ce que la poudre de ce minéral se fixe sur elles. Cette remarque me paraît être le complément de celle de M. Farnaud, citée ci-dessus, qui estime que l'action du plâtre est proportionnelle à l'abondance et à la largeur des feuilles.

M. Dralet ne s'est pas contenté de cette action indirecte provenant du défrichis d'une prairie artificielle sur les céréales qu'on y a semées.

Cet agronome s'était convaincu par sa propre expérience que le plâtrage tel qu'on le pratique sur les

prairies artificielles, ne produit pas d'effet sur les céréales; mais considérant que les substances consti-
tuantes du plâtre étaient propres à féconder les divers sols, il conservait l'espoir d'employer utilement
ce minéral à fertiliser les céréales.

Dans cette vue, il répandit du plâtre de l'épaisseur de sept à huit lignes sur le premier labour de
partie d'une terre argilo-siliceuse, qui fut semée en
avoine d'automne; les autres labours ordinaires furent
faits et les semences jetées avec le même soin sur
toute la pièce. La partie plâtrée donna presque le
double de récolte que celle qui ne l'avait pas été.

Mais entraîné par l'idée où il était que le plâtre
agissait par les racines, il disposa un terrain contigu
au précédent, pour être semé en avoine de mars.
Dès que la terre fut suffisamment labourée, il en fit
soigneusement ameubler (1) la couche supérieure,
dans l'épaisseur de quatre à cinq pouces, et il y mêla
du plâtre épais de quatre lignes seulement, moitié
moins que dans l'essai précédent, en le dispersant
dans toute la profondeur que pénètre la charrue. Dès
la première crue, l'avoine de la partie plâtrée était
plus verte, plus touffue, elle parvint beaucoup plus
tôt à la maturité, et produisit un tiers de plus.

De semblables expériences faites sur le blé et sur
l'orge donnèrent les mêmes résultats.

---

(1) La herse Bataille ou sacrifateur est très-propre à cette
opération.

D'un autre côté, frappé de la ressemblance qui existe entre les graminées et les céréales, il voulut savoir si le plâtre enfoui dans la terre opérerait sur les graminées le même effet que sur les céréales.

Au mois de novembre 1835, il sema de la graine de fromental sur une terre à blé qu'il partagea en deux parties égales ; l'une fut amendée dans la profondeur de quatre à cinq pouces, avec du plâtre de l'épaisseur de quatre lignes ; l'autre partie ne fut point plâtrée, et celle-ci produisit un tiers de moins que la première.

Pour opérer de cette manière il ne faut pas, dit M. Dralet, que les cultivateurs soient à une trop grande distance des carrières.

Le plus sûr et le meilleur moyen, suivant lui, de fonder en quelque lieu que ce soit une prairie naturelle et d'en retirer une grande quantité de fourrages, est, comme on l'a vu plus haut, de mêler avec la graine de foin une petite quantité de trèfle blanc et de trèfle jaune, et de répandre ensuite sur cette semence du plâtre à bâtir cuit et pulvérisé.

§ IV. — Des arbres fruitiers et de la vigne.

Plusieurs correspondants du conseil avaient observé que la fécondité des arbres fruitiers s'était accrue par l'effet du plâtrage des prairies artificielles dans lesquelles ils croissaient.

M. Dralet avait remarqué, dans ses vergers, des

poiriers en quenouille, des pommiers nains et de jeunes pruniers qui ne produisaient pas de fleurs, perdaient leurs feuilles avant le temps ordinaire, symptômes d'un état sensible de dépérissement.

Comme ces arbres appartiennent à la famille des rosacées, et qu'ils ont conséquemment deux lobes à leur semence et plusieurs pétales à leurs fleurs, il n'y avait pas de doute qu'ils étaient susceptibles d'être fertilisés par le plâtre.

Jugeant ensuite qu'à raison de la grosseur et de l'étendue de leurs racines, un simple plâtrage serait sans effet, M. Dralet mit au pied de chaque arbre, dans un rayon de 25 centimètres, deux kilogrammes de plâtre à bâtir. Dès l'année suivante, ces arbres se parèrent de verdure, de fleurs et de fruits, et après six ans, qui est l'époque où M. Dralet rendait compte de cette opération, ces arbres continuaient à se soutenir dans cet état prospère.

M. Dralet fait remarquer qu'il en serait de même des arbres de la famille des amentacées (1), et celle des conifères (2), puisque ces deux familles sont aussi dicotylédones polypétales.

M. de Neirac, de l'Aveyron, dans un rapport imprimé, adressé au conseil royal d'agriculture, avait consigné le fait suivant. Du plâtre mêlé avec du fumier, et employé deux mois après, avait produit des

---

(1) Famille de plantes à sexes séparés, telles que l'orme, le saule, le charme, le noisetier, etc.
(2) Végétaux dont le fruit est en cône ou forme de pain de sucre, tels que le cèdre, le pin, le sapin, etc.

merveilles sur une vigne usée, lui ayant fait pousser des sarments de dix pieds de long et trois fois plus de raisin que sa voisine simplement fumée.

M. Dralet avait planté, en 1821, une vigne dans un terrain argileux d'une forte inclinaison. Elle réussit très-bien, sauf sur la partie la plus élevée où, à raison de l'aridité du sol, les jeunes ceps restèrent longtemps courts, maigres, et ne donnèrent pendant plusieurs années qu'une petite quantité de raisins chétifs.

Dans cet intervalle, il avait eu connaissance du fait cité ci-dessus par M. de Neirac, et il savait que la vigne était une plante rosacée.

En 1830, il répandit au pied de chacun de ces ceps un kilogramme et demi de plâtre à bâtir. Depuis cette époque, et notamment l'année suivante, la vendange de la partie plâtrée fut au moins aussi abondante que sur le bas de la vigne.

De semblables expériences faites sur de jeunes vignes, pendant l'année qui suivit leur plantation, eurent le même succès.

CHAPITRE VII.

LE PLÂTRAGE DES PRAIRIES ARTIFICIELLES CAUSE-T-IL L'ÉPUISEMENT DES TERRES?

S'il est une vérité démontrée en agriculture, c'est, ainsi qu'on vient de le voir (chap. VI, § III), que des céréales semées sur un défrichis de prairies artificielles donnent toujours de meilleures récoltes que celles semées sur un terrain non plâtré. De là la maxime suisse : *point de beau blé sans trèfle.*

D'après cela, il semblerait qu'il n'y a pas lieu à examiner la question que je viens de poser.

Mais puisque cette question s'est agitée entre quelques agronomes, à la vérité à une époque où les principes de l'économie des prairies artificielles n'étaient pas assis sur les bases solides que seule peut fonder une longue expérience, il n'est pas sans utilité de montrer comment elle a été appréciée par les juges compétents dans la matière.

La théorie de M. Soquet sur l'exhalation de l'oxygène et l'inspiration de l'acide carbonique a conduit ce savant à affirmer, d'une part, que l'absorption de l'acide carbonique suffisait seul à la nutrition de certaines plantes, sans qu'elles eussent besoin de tirer aucun aliment, l'eau exceptée, du sol sur lequel elles étaient implantées ; et, d'autre part, l'analyse chimi-

que qu'il a faite d'un pied carré de trèfle ou luzerne,
pesant environ trois kilogrammes et demi, a démontré qu'il restait une somme de carbone pur plus que
suffisante pour fournir à tout le système des racines
une extension et une succulence au delà de ce qui
serait nécessaire pour qu'elles donnassent, par leur
putréfaction déterminée sur place, après un labour,
une quantité d'engrais au delà du besoin pour ameubler le sol.

M. Dralet établit, en principe, que la terre, quelle
que soit sa nature, renferme des éléments de nutrition communs à toutes les plantes ; mais que chaque
terrain en contient de particuliers que préfèrent cer-
tains végétaux, et qui sont rebutés par d'autres.

Ainsi, les prairies artificielles ont la faculté de
s'approprier le plâtre, en enlevant au sol certaines
molécules avec lesquelles ce minéral se combine
avant de pénétrer dans les suçoirs des racines. Après
un certain intervalle, ce plâtre se trouve entièrement absorbé, et alors on le renouvelle avec succès.

Il n'en est pas de même lorsque, après plusieurs
autres années, on essaie le même moyen de fécondation, parce que la terre a été successivement dépouil-
lée des molécules avec lesquelles le plâtre se combine. Cependant la terre a conservé tous les éléments
de nutrition que la nature a particulièrement destinés
à certaines plantes, tels que les froments et les graminées. Lorsqu'un terrain a nourri pendant plusieurs
années une prairie artificielle, sa surface s'est successivement enrichie du terreau provenant des feuil-

les et des insectes tombés des plantes qui composaient les prairies, et à mesure que celle-ci s'est appauvrie, les mauvaises herbes, en s'en emparant, ont formé un gazon qui, renversé par la charrue, a aussi formé un puissant engrais. Voilà pourquoi, pendant plusieurs années, le sol offre aux céréales une fécondité qu'il n'avait pas avant l'établissement de la prairie.

« C'est ce que m'a confirmé une longue expérience, ajoute M. Dralet. Lorsque j'ai défriché une luzerne, je fais d'abord porter au terrain une ou deux récoltes de maïs, parce que le blé, prenant sur ce terrain neuf une croissance très-rapide, s'y coucherait ; ensuite je fais alterner le blé et d'autres grains pendant deux ou trois ans, après lesquels le terrain rentre dans l'assolement triennal usité dans la contrée. Il est certain que les récoltes faites ainsi pendant quatre ou cinq ans, sans jachères et souvent sans fumier, sont beaucoup plus abondantes que celles des champs voisins qui reçoivent les engrais et la culture ordinaires. »

M. Farnaud qui, un des premiers, et sur l'indication du célèbre botaniste Villars, a introduit le plâtre comme amendement dans les Hautes-Alpes ; M. Farnaud, qui, parmi les correspondants du comité, se distingue par le soin qu'il a mis à répondre à toutes les questions qui lui étaient adressées, n'a pas d'autres doctrines.

Il a reconnu, dans sa longue pratique, que les prairies plâtrées artificielles n'effritaient (c'est-à-dire n'épuisaient) pas plus les terrains que celles qui ne l'étaient pas ; que cet affritement était une loi générale de la nature qui s'applique à toutes les plantes; qu'il fallait s'y soumettre, en ne faisant revenir les prairies artificielles dans le même lieu, qu'après un intervalle proportionné à leur durée. Cet intervalle a été indiqué dans le chapitre IV, § 5.

Enfin M. Yvart a mis ce principe dans tout son jour, aux mots ASSOLEMENT ET SUCCESSION DE CULTURE, du *Dictionnaire d'Agriculture,* publié par Deterville.

RESUMÉ.

Les diverses théories et expériences dont je viens de tracer l'analyse peuvent se résumer dans les maximes et préceptes suivants, qui serviront de guide aux cultivateurs pour l'emploi du plâtre dans l'amendement des terres.

Nature et propriété fécondante du plâtre.

La cause de l'action du plâtre sur la végétation est due au sulfate de chaux, qui n'est autre chose que la combinaison de l'acide sulfurique avec la pierre calcaire.

Plus le sulfate de chaux dominera dans les éléments qui constituent la pierre à plâtre, et plus son action sera puissante sur la végétation.

Les plâtres les plus avantageux pour l'agriculture

sont, d'après les analyses chimiques qui en ont été faites :

1º Celui de Paris, buttes Montmartre et Saint-Chaumont, rive droite de la Seine, qui contient ci.........................78,5 sulfate de chaux.

2º Celui du Midi.........75.

Généralement on réserve le plâtre le plus pur pour la construction, et on livre aux cultivateurs, à plus bas prix, un plâtre dans lequel on introduit des matières qui n'ont aucune espèce d'action sur la végétation.

Cette distinction, dont la fraude profite, est tout au préjudice de l'agriculture. La construction a besoin quelquefois qu'on augmente le carbonate de chaux qui, dans certaines formations du gypse, se trouve dans une proportion trop faible pour lui donner la consistance nécessaire, surtout à l'extérieur des bâtiments ; mais l'agriculture exige le plâtre dans toute sa pureté native.

Le plâtre augmente la fertilité des terres de toute nature, à l'exception de celles qui en sont déjà imprégnées, ou qui sont marécageuses.

Plâtrage des prairies artificielles.

Les prairies artificielles, en terres sèches et légères, sont celles sur lesquelles son action est généralement le plus marquée.

Cette action augmente encore lorsque le plâtre est

mêlé avec des engrais animaux ou végétaux, et que les prairies ont été hersées à la fin de l'hiver.

Huit à neuf hectolitres, ou huit à neuf quintaux métriques de plâtre à bâtir, dans la qualité que l'analyse chimique a reconnue au plâtre de Paris et du Midi, doublent généralement la récolte des prairies artificielles. Il y a des exemples qu'elle a été triplée.

L'exemple de l'Angleterre, de l'Allemagne, de la Suisse et de l'Amérique, qui exportent de France une grande quantité de plâtre pour l'agriculture, est la meilleure réponse aux cultivateurs français qui n'en font pas usage sous prétexte qu'il est trop cher, et un calcul positif (chap. IV, § Ier) a démontré que du plâtre de Paris employé à Toulouse donnait un bénéfice de sept capitaux pour un.

Il faut toujours employer de préférence le plâtre cuit, pulvérisé et tamisé :

1° Parce que la science, d'accord avec la pratique de tous les agronomes instruits, a démontré la supériorité du plâtre cuit sur le plâtre cru pour l'agriculture ;

2° Parce qu'il possède à un degré plus éminent que le plâtre cru la propriété d'attirer l'humidité de l'air et d'activer la force végétative ;

3° Parce que son action sur le développement des plantes est plus immédiate et plus prompte, par l'avantage qu'il a de se répandre d'une manière plus égale, et de s'attacher plus facilement aux feuilles;

4° Parce que, par sa nature, le plâtre cru ne peut

être pulvérisé au même degré de finesse que le plâtre cuit, ce qui est une condition indispensable de sa pénétration dans les organes inspiratoires des plantes ; que, faute d'appareils convenables, les cultivateurs qui achètent la pierre à plâtre, pour la broyer, ne peuvent même obtenir le degré de pulvérisation dont le plâtre cru est susceptible : que ce système dans l'emploi du plâtre cru revient plus cher que l'achat du plâtre cuit ; et qu'ainsi il en coûte davantage pour obtenir un moindre effet.

C'est pour échapper à la fraude introduite par les fabricants des petites localités dans le plâtre d'engrais, que quelques cultivateurs se sont déterminés à acheter la pierre à plâtre et à l'employer crue après l'avoir broyée. Mais lorsqu'ils se seront convaincus que les plâtres cuits des grands établissements de Paris, transportés par le chemin de fer, sont purs de tout mélange, ils s'empresseront de revenir à l'usage du plâtre cuit dont ils n'ignorent pas d'ailleurs la supériorité sur le plâtre cru.

Il faut répandre le plâtre sur les feuilles des plantes fourragères des prairies artificielles. Ceux même qui croient que l'action du plâtre s'exerce sur les racines reconnaissent que le saupoudrage sur les feuilles a plus d'effet, dans les prairies artificielles, que le saupoudrage sur les racines ou sur le sol.

Il faut plâtrer les prairies artificielles, toute compensation faite de la différence de latitude, du 1er mars au 1er mai ; les luzernes et les sainfoins dans la première portion de cette période, les trèfles et les minettes, dans la seconde.

Il faut plâtrer par un temps disposé à l'humidité, très-légèrement venteux, à la rosée du soir ou du matin, et lorsque les feuilles des plantes fourragères présentent une certaine surface.

En Bourgogne et dans quelques autres contrées, on plâtre la seconde coupe, afin de neutraliser la sécheresse produite par l'ardeur du soleil.

Les fleurs des sainfoins plâtrés sécrètent plus de miel, et de meilleur miel que celui des sainfoins non plâtrés, parce que le plâtre développe plus de fleurs et des fleurs plus grandes.

Le plâtre augmente la fécondité des arbres fruitiers plantés dans les prairies artificielles.

Le plâtre donne une telle vigueur aux plantes fourragères, que les plantes parasites qui croissent en même temps qu'elles sont bientôt étouffées.

Les herbages plâtrés nourrissent dans les enclos un tiers plus de bestiaux que ceux non plâtrés.

Les fourrages plâtrés ne sont pas plus nuisibles à la santé des bestiaux que ceux non plâtrés; mais comme leurs tiges et leurs feuilles sont plus fortes, elles sont plus aqueuses et demandent par conséquent plus de temps et de précautions pour être convenablement desséchées. Si on néglige leur fenaison, elles moisissent, et dans cet état elles donnent la toux aux animaux, comme cela a lieu pour les fourrages non plâtrés mais moisis.

Le plâtre n'effrite pas, c'est-à-dire n'épuise pas

les terres, puisque les récoltes de céréales, semées sur un défrichis de prairies artificielles, sont plus abondantes pendant les premières années.

L'appauvrissement des prairies artificielles indique que l'époque du défrichement est arrivée, c'est-à-dire de la transition des plantes fourragères aux graminées et aux céréales.

Mais le nouvel ensemencement ne doit pas être fait en froment, parce que le défrichis donnant une plus grande vigueur à la végétation, le blé croîtrait trop rapidement et se coucherait. Il faut semer des céréales d'une autre espèce pendant les deux premières années qui succèdent à un défrichis ; ensuite faire alterner le blé avec d'autres grains pendant deux ou trois ans, jusqu'à ce qu'on soit rentré dans l'assolement en usage dans la contrée.

Une prairie artificielle de luzerne ne peut être renouvelée avec succès qu'après avoir été livrée à d'autres cultures pendant autant d'années qu'il s'en est écoulé entre sa naissance et son défrichement.

Le sainfoin, qui ne vit que trois ou quatre ans, peut revenir sur le même terrain beaucoup plutôt que la luzerne.

Quant au trèfle, qui est une plante bis-annuelle, les bons cultivateurs observent de ne le renouveler que cinq ans après qu'il a été défriché.

Enfin le farouch, ou trèfle incarnat du Roussillon, qui est une plante annuelle, peut reparaître sur la même terre après deux ans.

Plâtrage des prairies naturelles.

Dans les prairies naturelles en terrain sec, en terrain qu'on ne peut arroser et même en terrain humide dont l'eau surabondante a été écoulée, le plâtre triple, double, ou au moins augmente d'un tiers les récoltes, en procurant un grand développement au trèfle, aux vesces et autres plantes analogues qui, sans lui, y resteraient inaperçues.

Il y a un moyen sûr de fonder en quelque lieu que ce soit une prairie naturelle, et d'en retirer une grande quantité de fourrage, c'est de mêler avec la graine de foin deux kilogrammes de graine de trèfle blanc et quatre kilogrammes de graine de trèfle jaune par hectare, et de répandre ensuite sur cette semence du plâtre à bâtir cuit et pulvérisé.

Plâtrage des céréales.

Des céréales semées sur un défrichis de prairies artificielles ont produit, plusieurs années, sans fumer et sans autre amendement, 12, 15 et jusqu'à 18 pour un de semence. C'est un moyen indirect de fécondation ; mais on peut l'obtenir par un moyen direct : c'est le procédé indiqué au chapitre VI, § III.

Influence générale du plâtre.

Le plâtre a rajeuni des vignes usées et ranime la

végétation des jeunes vignes et des arbres fruitiers languissants.

Il fertilise les terres usées. et on a vu qu'en Amérique il avait fixé la population sur un sol complétement usé.

En général son action fécondante s'exerce à des degrés différents sur les plantes herbacées, végétaux, arbustes et arbres qui composent, dans la méthode naturelle de Jussieu, l'ordre des *dicotylédones-polypétales*, c'est-à-dire les familles des plantes dont les semences ont deux *lobes* ou divisions et dont les corolles ont plusieurs *pétales* ou pièces.

Enfin, employé à forte dose, il détruit la mousse des prairies naturelles ; il tient divisées les molécules de terre, ce qui offre un double avantage dans les terres grasses, argileuses et compactes : le premier, de faciliter leur pénétration par les rayons solaires pour en absorber l'humidité ; le second, d'ôter au chiendent le refuge des mottes que la herse ne brise qu'imparfaitement dans les terrains de cette nature, lorsqu'ils ne sont pas plâtrés.

TABLE DES MATIÈRES

CONTENUES DANS CE VOLUME.